创新家装设计与施工详解 第2季

创新家装设计与施工详解第2季 编写组 编

客厅

—紧凑型 舒适型 奢华型—

“创新家装设计与施工详解”包括《背景墙》《客厅》《餐厅、玄关走廊》《卧室、书房、卫浴》《顶棚》五个分册，提供了大量优秀设计案例。本书针对有代表性的客厅案例进行细节造型等施工详解及材料的标注，帮助读者了解工艺流程，了解工艺环节及施工中的注意事项，将可能遇到的问题提前解决。读者通过参考大量的施工工艺，体验不同的家装设计，更深入地了解众多材料搭配，从而设计出符合自己喜好的家居空间。

图书在版编目（CIP）数据

创新家装设计与施工详解. 第2季. 客厅 / 《创新家装设计与施工详解》编写组编. — 2版. — 北京 ：机械工业出版社，2015.12

ISBN 978-7-111-52567-7

Ⅰ. ①创… Ⅱ. ①创… Ⅲ. ①住宅－客厅－室内装修 Ⅳ. ①TU767

中国版本图书馆CIP数据核字(2015)第308226号

机械工业出版社（北京市百万庄大街22号 邮政编码 100037）

策划编辑：宋晓磊　　责任编辑：宋晓磊

责任印制：李 洋　　责任校对：白秀君

北京汇林印务有限公司印刷

2016年1月第2版第1次印刷

210mm × 285mm · 7印张 · 228千字

标准书号：ISBN 978-7-111-52567-7

定价：34.80元

凡购本书，如有缺页、倒页、脱页，由本社发行部调换

电话服务　　网络服务

服务咨询热线：(010)88361066　　机工官网：www.cmpbook.com

读者购书热线：(010)68326294　　机工官博：weibo.com/cmp1952

(010)88379203　　教育服务网：www.cmpedu.com

金书网：www.golden-book.com

施工图示速查

目录 Contents

P055

P055

P059

P059

P065

P065

P071

P071

P077

P077

P081

P081

P087

P087

P093

P093

P099

P099

P105

P105

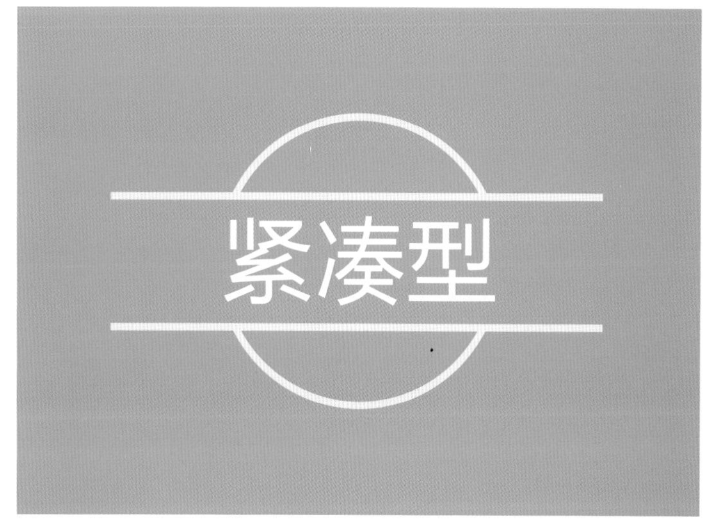

1 米色大理石
2 雕花银镜
3 印花壁纸
4 水曲柳饰面板
5 木质踢脚线
6 木纹玻化砖

❶ 黑胡桃木装饰线
❷ 肌理壁纸
❸ 装饰灰镜
❹ 白枫木饰面板
❺ 印花壁纸
❻ 木纹玻化砖

01

客厅电视墙用水泥砂浆找平，在墙面上用木工板打底，用粘贴固定的方式将灰镜固定在底板上；剩余墙面满刮三遍腻子，用砂纸打磨光滑，刷一层基膜，用环保白乳胶配合专业壁纸粉将壁纸固定。

❶ 装饰灰镜
❷ 印花壁纸
❸ 有色乳胶漆
❹ 米色网纹玻化砖
❺ 木质搁板
❻ 黑镜装饰线

用木工板在电视墙墙面上做出黑镜的基层，用环氧树脂胶将黑镜装饰线固定在底板上；剩余墙面装贴饰面板后刷油漆；沙发背景墙满刮三遍腻子，用砂纸打磨光滑，刷一遍底漆、两遍面漆，最后安装木质搁板。

❶ 有色乳胶漆
❷ 石膏板拓缝
❸ 白色乳胶漆
❹ 强化复合木地板
❺ 灰白色网纹玻化砖
❻ 艺术地毯

❶ 木质搁板
❷ 水曲柳饰面板
❸ 有色乳胶漆
❹ 布艺软包
❺ 肌理壁纸
❻ 印花壁纸

❶ 密度板造型贴黑镜
❷ 白枫木饰面板
❸ 水曲柳饰面板
❹ 米色亚光墙砖
❺ 木质搁板
❻ 雕花银镜

❶ 印花壁纸
❷ 羊毛地毯
❸ 布艺软包
❹ 条纹壁纸
❺ 水曲柳饰面板
❻ 米色玻化砖

❶ 有色乳胶漆
❷ 雕花茶镜
❸ 印花壁纸
❹ 装饰银镜
❺ 布艺软包
❻ 装饰茶镜

03

根据设计需求，在电视背景墙上弹线放样，安装钢结构与木工板基层，用干挂的方式将大理石固定在墙面上，剩余墙面用环氧树脂胶将茶镜固定在木工板基层上；沙发背景墙找平后，用木工板打底，装贴水曲柳饰面板后刷油漆。

❶ 水曲柳饰面板
❷ 米黄色网纹大理石
❸ 泰柚木饰面板
❹ 陶瓷锦砖
❺ 米色亚光墙砖
❻ 实木地板

按照设计图纸，在电视背景墙上弹线放样，确定布局，用湿贴的方式将米色亚光墙砖固定在墙面上，再用大理石粘贴剂将陶瓷锦砖及人造大理石收边线条固定；沙发背景墙找平后，采用湿贴的方式将定制的艺术墙砖铺装于墙面上。

1 水曲柳饰面板
2 仿古砖
3 中花白大理石
4 胡桃木饰面板
5 车边茶镜
6 桦木饰面板

1 肌理壁纸
2 木质搁板
3 仿洞石玻化砖
4 陶瓷锦砖
5 米色玻化砖
6 石膏板拓缝

① 印花壁纸
② 白枫木饰面板拓缝
③ 中花白大理石
④ 有色乳胶漆
⑤ 羊毛地毯
⑥ 仿古砖

05

按照设计图纸，用木工板在电视背景墙上做出造型，装贴饰面板后刷油漆；整个墙面满刮三遍腻子，用砂纸打磨光滑，中间墙面刷一层基膜，用环保白乳胶配合专业壁纸粉将壁纸固定，两侧墙面刷一遍底漆、两遍面漆。

❶ 有色乳胶漆
❷ 仿古砖
❸ 条纹壁纸
❹ 装饰灰镜
❺ 黑色烤漆玻璃
❻ 强化复合木地板

06

按照设计图纸，在墙面上弹线，确定布局，安装石膏饰面板后满刮三遍腻子，用砂纸打磨光滑，刷底漆、面漆；其余墙面满刮三遍腻子，用砂纸打磨光滑，刷一层基膜后贴壁纸；两侧剩余部分用木工板打底，用粘贴固定的方式将黑色烤漆玻璃固定在底板上，最后安装不锈钢收边条。

1 车边银镜
2 黑色烤漆玻璃
3 米白色洞石
4 肌理壁纸
5 米色网纹大理石
6 印花壁纸

❶ 手绘墙饰
❷ 中花白大理石
❸ 条纹壁纸
❹ 印花壁纸
❺ 米白色玻化砖
❻ 白枫木饰面板

1 有色乳胶漆
2 手绘墙饰
3 米黄色大理石
4 米白色玻化砖
5 装饰银镜
6 米白色洞石

用木工板在电视背景墙上做出条纹状造型，装贴泰柚木饰面板后刷油漆，剩余墙面满刮三遍腻子，用砂纸打磨光滑，刷一遍底漆、两遍面漆，最后安装木质搁板。

❶ 有色乳胶漆
❷ 泰柚木饰面板
❸ 彩色云纹大理石
❹ 白色玻化砖
❺ 白枫木格栅
❻ 仿古砖

根据设计需求将电视背景墙砌成设计图中的造型，用木工板打底，然后装贴白桦木饰面板后刷油漆；剩余墙面满刮三遍腻子，用砂纸打磨光滑，刷底漆、面漆；地面找平后，用湿贴的方式将仿古砖铺装于地面。

① 黑色烤漆玻璃
② 艺术地毯
③ 深咖啡色网纹大理石
④ 印花壁纸
⑤ 有色乳胶漆
⑥ 泰柚木饰面板

❶ 中花白大理石
❷ 浅咖啡色大理石
❸ 装饰茶镜
❹ 密度板雕花
❺ 水曲柳饰面板
❻ 银镜装饰线

❶ 装饰灰镜
❷ 木质踢脚线
❸ 米色网纹大理石
❹ 水曲柳饰面板
❺ 印花壁纸
❻ 米黄色网纹亚光玻化砖

1 条纹壁纸
2 白色亚光玻化砖
3 羊毛地毯
4 水曲柳饰面板
5 布艺软包
6 水晶装饰珠帘

❶ 有色乳胶漆
❷ 白枫木装饰线
❸ 条纹壁纸
❹ 米色玻化砖
❺ 白色乳胶漆
❻ 密度板造型贴银镜

09

将米黄色大理石用点挂的方式固定在墙面上。镜面的基层用木工板打底，用环氧树脂胶将其固定，安装结束后用专业密封胶密封。两侧对称墙面用湿贴的方式将仿古砖粘贴固定，完工后用专业勾缝剂填缝；地面找平后铺装强化复合木地板。

❶ 黑色烤漆玻璃
❷ 米黄色大理石
❸ 有色乳胶漆
❹ 艺术地毯
❺ 雕花茶镜
❻ 米色玻化砖

墙面用木工板打底并做出茶镜的基层，用环氧树脂胶将茶镜固定在底板上，然后用蚊钉及胶水将石膏板固定并做出拓缝效果，用砂纸打磨光滑后刷底漆、面漆；地面找平后采用湿贴的方式铺装玻化砖。

① 雕花茶镜
② 石膏板拓缝
③ 木纹大理石
④ 装饰茶镜
⑤ 印花壁纸
⑥ 木质踢脚线

① 木质搁板
② 印花壁纸
③ 皮革软包
④ 印花壁纸
⑤ 条纹壁纸
⑥ 木纹大理石

1 白色乳胶漆
2 黑色人造石踢脚线
3 密度板雕花隔断
4 中花白大理石
5 印花壁纸
6 密度板拓缝

1 胡桃木饰面板
2 有色乳胶漆
3 木质搁板
4 装饰银镜
5 条纹壁纸
6 木质踢脚线

1. 木纹玻化砖
2. 木纹大理石
3. 雕花银镜
4. 有色乳胶漆
5. 伯爵黑大理石
6. 白色玻化砖

11

用水泥砂浆找平电视背景墙，满刮三遍腻子，用砂纸打磨光滑，刷一层基膜，用环保白乳胶配合专业壁纸粉将壁纸固定在墙面上，再用蚊钉及胶水将木质装饰线及木质搁板固定；剩余墙面刮腻子后刷底漆、面漆。

❶ 木质搁板
❷ 仿古砖
❸ 白枫木饰面板
❹ 伯爵黑大理石波打线
❺ 白枫木装饰线
❻ 强化复合木地板

用木工板在电视背景墙上做出凹凸造型，安装木质装饰线；整个墙面满刮三遍腻子，用砂纸打磨光滑，刷一层基膜，用环保白乳胶配合专业壁纸粉将壁纸固定在墙面上，最后安装木质踢脚线。

❶ 密度板造型隔断
❷ 密度板拓缝
❸ 仿古砖
❹ 有色乳胶漆
❺ 石膏板造型
❻ 白枫木装饰横梁

❶ 装饰银镜
❷ 白枫木装饰线
❸ 手绘墙饰
❹ 木纹大理石
❺ 条纹壁纸
❻ 木纹玻化砖

❶ 白枫木饰面板拓缝
❷ 木纹大理石
❸ 肌理壁纸
❹ 米色玻化砖
❺ 石膏顶角线
❻ 文化砖

① 陶瓷锦砖
② 木质搁板
③ 黑色烤漆玻璃
④ 陶瓷锦砖波打线
⑤ 雕花银镜
⑥ 强化复合木地板

❶ 车边灰镜
❷ 密度板造型隔断
❸ 布艺软包
❹ 木质搁板
❺ 石膏板拓缝
❻ 米色网纹亚光玻化砖

13

沙发背景墙用木工板做出条纹造型，装贴白枫木饰面板后刷油漆；电视背景墙用水泥砂浆找平，满刮三遍腻子，用砂纸打磨光滑，刷一层基膜后粘贴壁纸；最后用气钉及胶水将木质踢脚线固定。

❶ 白枫木饰面板
❷ 肌理壁纸
❸ 水曲柳饰面板
❹ 大理石踢脚线
❺ 印花壁纸
❻ 有色乳胶漆

14

电视背景墙用水泥砂浆找平，满刮腻子三遍，用砂纸打磨光滑，刷一层基膜后粘贴壁纸，然后用木工板做出收边线条，装贴饰面板后刷油漆。

❶ 条纹壁纸
❷ 黑色烤漆玻璃
❸ 爵士白大理石
❹ 强化复合木地板
❺ 密度板树干造型
❻ 白色人造大理石

❶ 装饰茶镜
❷ 水曲柳饰面板
❸ 肌理壁纸
❹ 黑胡桃木饰面板
❺ 中花白大理石
❻ 白色玻化砖

❶ 爵士白大理石
❷ 白枫木装饰立柱
❸ 印花壁纸
❹ 深咖啡色网纹大理石波打
❺ 车边银镜
❻ 镜面锦砖

15

按照设计图，在电视背景墙上弹线放样，安装钢结构，用干挂的方式将大理石固定在支架上；剩余两侧墙面用木工板打底，用粘贴固定的方式将灰镜固定在底板上；地面找平后用湿贴的方式铺装玻化砖。

❶ 米黄色大理石
❷ 装饰灰镜
❸ 陶瓷锦砖
❹ 布艺软包
❺ 雕花烤漆玻璃
❻ 米色网纹玻化砖

16

电视背景墙用木工板做出设计图中的造型与烤漆玻璃的基层，在墙面上满刮腻子，用砂纸打磨光滑，刷一层基膜后用环保白乳胶配合专业壁纸粉进行壁纸的施工；两侧剩余墙面用环氧树脂胶将雕花烤漆玻璃固定在底板上。

❶ 米色亚光墙砖
❷ 泰柚木饰面板
❸ 印花壁纸
❹ 艺术地毯
❺ 有色乳胶漆
❻ 大理石踢脚线

❶ 胡桃木饰面板
❷ 羊毛地毯
❸ 米色网纹大理石
❹ 木纹玻化砖
❺ 白色亚光墙砖
❻ 条纹壁纸

❶ 装饰灰镜
❷ 白枫木饰面板拓缝
❸ 木纹大理石
❹ 伯爵黑大理石
❺ 印花壁纸
❻ 仿古砖

❶ 车边银镜
❷ 印花壁纸
❸ 米色大理石
❹ 雕花茶镜
❺ 手绘墙饰
❻ 艺术地毯

❶ 爵士白大理石
❷ 白枫木装饰线
❸ 装饰灰镜
❹ 木纹大理石
❺ 白色亚光墙砖
❻ 有色乳胶漆

17

电视背景墙用水泥砂浆找平，用点挂的方式将大理石固定；茶镜装饰线的基层用木工板打底，用环氧树脂胶将其固定，完工后用专业密封胶密封，最后安装定制的陈列柜及木质搁板；地面找平后铺装实木地板。

❶ 胡桃木饰面板
❷ 强化复合木地板
❸ 有色乳胶漆
❹ 陶瓷锦砖波打线
❺ 车边银镜
❻ 米色大理石

用点挂的方式将大理石固定在电视背景墙上，固定结束后用专业勾缝剂填缝；剩余墙面用木工板打底，做出镜面基层，用环保玻璃胶将镜面固定在底板上。

❶ 黑色烤漆玻璃
❷ 肌理壁纸
❸ 泰柚木饰面板
❹ 艺术地毯
❺ 雕花银镜
❻ 米色大理石

❶ 印花壁纸
❷ 木质踢脚线
❸ 有色乳胶漆
❹ 胡桃木饰面板
❺ 中花白大理石
❻ 密度板拓缝

❶ 布艺软包
❷ 雕花茶镜
❸ 陶瓷锦砖
❹ 印花壁纸
❺ 车边银镜
❻ 条纹壁纸

19

电视背景墙用水泥砂浆找平，在墙面上用木工板打底，用粘贴固定的方式固定灰镜。用成品不锈钢条收边。将订制的皮质硬包分块固定在底板上；地面找平后铺装强化复合木地板。

❶ 装饰灰镜
❷ 强化复合木地板
❸ 白枫木装饰线
❹ 灰白色网纹玻化砖
❺ 镜面锦砖
❻ 印花壁纸

电视背景墙用水泥砂浆找平，在墙面上安装钢结构，用AB胶将大理石收边线条固定在支架上。用大理石粘贴剂将镜面锦砖固定在墙面上，用勾缝剂填缝。剩余墙面满刮三遍腻子，用砂纸打磨光滑，刷一层基膜后贴壁纸，最后安装木质踢脚线。

❶ 肌理壁纸
❷ 强化复合木地板
❸ 艺术墙砖
❹ 羊毛地毯
❺ 白枫木装饰线
❻ 装饰灰镜

❶ 印花壁纸
❷ 车边茶镜
❸ 胡桃木窗棂造型贴银镜
❹ 有色乳胶漆
❺ 黑色烤漆玻璃
❻ 米色网纹玻化砖

❶ 胡桃木饰面板
❷ 木质踢脚线
❸ 深咖啡色网纹大理石
❹ 艺术地毯
❺ 雕花银镜
❻ 米色玻化砖

❶ 车边银镜
❷ 木纹大理石
❸ 爵士白大理石
❹ 密度板雕花贴银镜
❺ 车边茶镜
❻ 仿古砖

❶ 密度板拓缝
❷ 雕花茶镜
❸ 黑白根大理石
❹ 装饰灰镜
❺ 木质搁板
❻ 米色大理石

21

电视背景墙先用湿贴的方式将米黄色洞石固定在墙面上，安装完毕后用勾缝剂填缝。剩余墙面用木工板打底，用中性高密度玻璃胶将陶瓷锦砖固定在底板上，用白色勾缝剂填缝。

❶ 陶瓷锦砖
❷ 米黄色洞石
❸ 雕花银镜
❹ 皮革软包
❺ 黑色烤漆玻璃
❻ 石膏板拓缝

电视背景墙用水泥砂浆找平，用石膏板在墙面上做出拓缝造型，墙面满刮腻子，用砂纸打磨光滑，刷一遍底漆、两遍面漆；剩余墙面用木工板打底，用环氧树脂胶将烤漆玻璃固定在底板上。

❶ 文化石
❷ 有色乳胶漆
❸ 密度板雕花贴灰镜
❹ 米色亚光玻化砖
❺ 银镜吊顶
❻ 布艺软包

❶ 米黄色洞石
❷ 装饰银镜
❸ 胡桃木饰面板
❹ 车边银镜
❺ 中花白大理石
❻ 条纹壁纸

❶ 装饰灰镜
❷ 米黄色大理石
❸ 车边茶镜
❹ 白色乳胶漆
❺ 泰柚木饰面板
❻ 肌理壁纸

23

电视背景墙用水泥砂浆找平，用点挂的方式将大理石固定在墙面上，安装完毕后用专业勾缝剂填缝；剩余墙面采用湿贴的方式将洞石固定于墙面。

❶ 灰色洞石
❷ 中花白大理石
❸ 木质窗棂造型贴银镜
❹ 手绘墙饰
❺ 装饰灰镜
❻ 有色乳胶漆

在电视背景墙上用木工板做出设计图中的造型，装贴饰面板后刷油漆；墙面满刮腻子，用砂纸打磨光滑，刷一遍底漆、两遍面漆；最后将镜面用环氧树脂胶固定在底板上。

❶ 印花壁纸
❷ 肌理壁纸
❸ 米色亚光玻化砖
❹ 车边银镜
❺ 泰柚木饰面板
❻ 木质搁板

❶ 爵士白大理石
❷ 灰白色网纹玻化砖
❸ 装饰茶镜
❹ 黑白根大理石
❺ 印花壁纸
❻ 黑色烤漆玻璃

❶ 印花壁纸
❷ 密度板雕花隔断
❸ 镜面锦砖
❹ 车边银镜
❺ 木质踢脚线
❻ 米色亚光玻化砖

❶ 爵士白大理石
❷ 绯红色网纹大理石
❸ 装饰茶镜
❹ 密度板雕花隔断
❺ 水晶装饰珠帘
❻ 有色乳胶漆

❶ 木纹大理石
❷ 仿古砖
❸ 密度板雕花贴银镜
❹ 爵士白大理石
❺ 文化石
❻ 混纺地毯

25

按照设计图纸，用木工板在墙面上做出凹凸立体造型及镜面基层，收边线条装饰贴白枫木饰面板后刷油漆；整个墙面满刮三遍腻子，用砂纸打磨光滑，刷底漆、面漆；用环保白乳胶配合专业壁纸粉将壁纸固定在墙面上；最后粘贴装饰银镜。

❶ 有色乳胶漆
❷ 米色网纹玻化砖
❸ 装饰银镜
❹ 爵士白大理石
❺ 米黄色大理石
❻ 艺术地毯

电视背景墙用水泥砂浆找平，在墙面上弹线放样，安装钢结构，用干挂的方式将大理石固定在墙面上，完工后用专业勾缝剂填缝；剩余墙面满刮三遍腻子，用砂纸打磨光滑，刷一遍底漆、两遍面漆。

❶ 肌理壁纸
❷ 黑色烤漆玻璃
❸ 直纹斑马木饰面板
❹ 木质踢脚线
❺ 装饰灰镜
❻ 伯爵黑大理石波打线

❶ 印花壁纸
❷ 胡桃木饰面板
❸ 白枫木饰面板
❹ 石膏板拓缝
❺ 米白色洞石
❻ 木质踢脚线

❶ 米黄色玻化砖
❷ 艺术地毯
❸ 云纹大理石
❹ 密度板拓缝
❺ 黑色烤漆玻璃
❻ 米色大理石

❶ 白枫木装饰线
❷ 布艺软包
❸ 爵士白大理石
❹ 仿古砖
❺ 米白色洞石
❻ 木纹玻化砖

❶ 条纹壁纸
❷ 强化复合木地板
❸ 印花壁纸
❹ 装饰茶镜
❺ 直纹斑马木饰面板
❻ 密度板雕花隔断

电视背景墙用水泥砂浆找平后，用木工板打底并做出凹凸造型，用蚊钉配合胶水将皮质软包固定在底板上；剩余墙面装贴饰面板后刷油漆，最后安装木质踢脚线。

❶ 皮革软包
❷ 木质踢脚线
❸ 石膏浮雕
❹ 红樱桃木饰面板
❺ 肌理壁纸
❻ 强化复合木地板

用木工板在电视背景墙上做出层板，装贴饰面板后刷油漆，剩余墙面满刮三遍腻子，用砂纸打磨光滑，刷一层基膜后，用环保白乳胶配合专业壁纸粉将壁纸粘贴在墙面上；地面找平后铺装强化复合木地板。

❶ 白色玻化砖
❷ 仿古砖
❸ 印花壁纸
❹ 装饰灰镜
❺ 米白色洞石
❻ 艺术地毯

❶ 文化石
❷ 装饰灰镜
❸ 陶瓷锦砖
❹ 白枫木装饰线
❺ 木纹大理石
❻ 车边茶镜

❶ 印花壁纸
❷ 米色玻化砖
❸ 木质搁板
❹ 手绘墙饰
❺ 水曲柳饰面板
❻ 仿古砖

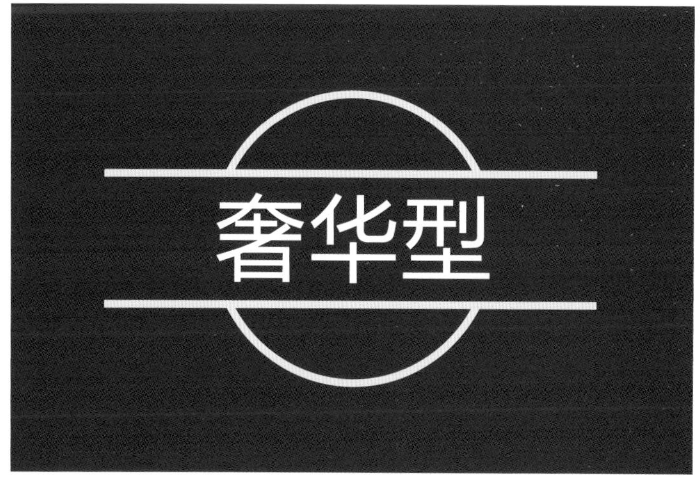

❶ 米黄色大理石
❷ 印花壁纸
❸ 文化石
❹ 布艺软包
❺ 艺术地毯
❻ 白色玻化砖

❶ 密度板雕花
❷ 木纹大理石
❸ 米黄色洞石
❹ 米色网纹大理石
❺ 印花壁纸
❻ 米色玻化砖

在电视背景墙上弹线，用木工板在镜面基层打底，墙面上满刮腻子，打磨光滑，刷一层基膜后，用环保白乳胶配合专业壁纸粉粘贴壁纸；再用玻璃胶将黑镜粘贴在底板上，最后用耐候密封胶将木质花格粘贴在黑镜上。

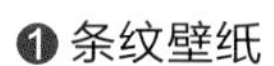

❶ 条纹壁纸
❷ 密度板雕花贴黑镜
❸ 装饰茶镜
❹ 米黄色大理石
❺ 有色乳胶漆
❻ 仿古砖

用AB胶将大理石与陶瓷锦砖固定在电视背景墙的矮台上；按照设计图纸，将电视背景墙砌成图中造型，采用湿贴的方式铺装红砖，剩余墙面满刮三遍腻子，用砂纸打磨光滑，刷一遍底漆、两遍面漆；地面找平后铺装仿古砖。

❶ 镜面锦砖
❷ 大理石踢脚线
❸ 米色网纹玻化砖
❹ 爵士白大理石
❺ 米色抛光墙砖
❻ 车边银镜

❶ 白色玻化砖
❷ 车边银镜
❸ 印花壁纸
❹ 大理石拼花波打线
❺ 密度板拓缝
❻ 米色亚光玻化砖

❶ 深咖啡色网纹大理石波打线
❷ 印花壁纸
❸ 浅咖啡色网纹大理石
❹ 装饰银镜
❺ 白色亚光墙砖
❻ 强化复合木地板

31

电视背景墙先用湿贴的方式将皮纹砖固定，镜面的基层用木工板打底，用环氧树脂胶将其固定；地面用水泥砂浆找平后铺装仿洞石玻化砖。

❶ 皮纹砖
❷ 仿洞石玻化砖
❸ 装饰银镜
❹ 布艺软包
❺ 胡桃木饰面板
❻ 木质踢脚线

在电视背景墙上弹线放样，用木工板打底并做出两侧对称的造型，装贴胡桃木饰面板后刷油漆；用蚊钉及胶水将定制的软包固定在底板上，完工后安装木质踢脚线；地面找平后铺装玻化砖。

❶ 印花壁纸
❷ 大理石踢脚线
❸ 条纹壁纸
❹ 泰柚木饰面板
❺ 装饰灰镜
❻ 肌理壁纸

❶ 米色网纹大理石
❷ 黑白根大理石波打线
❸ 爵士白大理石
❹ 米色玻化砖
❺ 车边银镜
❻ 木质踢脚线

❶ 陶瓷锦砖
❷ 爵士白大理石
❸ 黑色烤漆玻璃
❹ 米黄色大理石
❺ 白枫木装饰线
❻ 米白色玻化砖

❶ 米色亚光墙砖
❷ 艺术地毯
❸ 米色网纹大理石
❹ 车边茶镜
❺ 木质搁板
❻ 印花壁纸

❶ 密度板雕花
❷ 艺术地毯
❸ 皮革软包
❹ 车边茶镜
❺ 直纹斑马木饰面板
❻ 米白色洞石

33

整个电视背景墙用水泥砂浆找平，安装钢结构，用干挂的方式将大理石固定于墙面上，完工后用专业勾缝剂填缝；地面找平后用湿贴的方式固定玻化砖，最后铺上定制的混纺地毯。

❶ 灰白色大理石
❷ 混纺地毯
❸ 直纹斑马木饰面板
❹ 装饰银镜
❺ 红樱桃木饰面板
❻ 印花壁纸

在沙发背景墙上弹线放样，用木工板做出设计图上的造型，装贴饰面板后刷油漆。贴壁纸的基层满刮三遍腻子，用砂纸打磨光滑，刷一层基膜，用环保白乳胶配合专业壁纸粉将壁纸粘贴在墙面上。

❶ 胡桃木装饰立柱
❷ 米黄色大理石
❸ 有色乳胶漆
❹ 米色玻化砖
❺ 白枫木装饰线
❻ 印花壁纸

❶ 装饰银镜
❷ 米黄色大理石
❸ 印花壁纸
❹ 米色大理石
❺ 黑晶砂大理石
❻ 深咖啡色网纹大理石波打线

❶ 白枫木装饰线
❷ 爵士白大理石
❸ 车边银镜
❹ 有色乳胶漆
❺ 密度板拓缝
❻ 印花壁纸

❶ 印花壁纸
❷ 艺术地毯
❸ 艺术墙砖
❹ 木纹亚光玻化砖
❺ 车边灰镜
❻ 肌理壁纸

❶黑镜装饰线
❷皮革软包
❸印花壁纸
❹木纹大理石
❺水晶装饰珠帘
❻爵士白大理石

沙发背景墙用水泥砂浆找平，满刮三遍腻子，用砂纸打磨光滑，刷一层基膜，用环保白乳胶配合专业壁纸粉将壁纸固定在墙面上，再用耐候密封胶将木质窗棂粘贴固定；地面找平后用湿贴的方式铺装仿古砖。

❶ 木质窗棂造型
❷ 仿古砖
❸ 有色乳胶漆
❹ 白色玻化砖
❺ 黑色烤漆玻璃
❻ 米色网纹大理石

电视背景墙用木工板打底并做出设计图中的造型，采用点挂的方式将大理石固定在墙面上，完工后用专业勾缝剂填缝；用环氧树脂胶将黑色烤漆玻璃固定在底板上；剩余墙面满刮三遍腻子，用砂纸打磨光滑，刷一遍底漆、两遍面漆。

❶ 雕花银镜

❷ 米黄色大理石

❸ 强化复合木地板

❹ 米黄色网纹大理石波打

❺ 皮革软包

❻ 实木地板

❶ 车边灰镜
❷ 印花壁纸
❸ 米色网纹大理石
❹ 米色亚光玻化砖
❺ 茶镜装饰线
❻ 石膏板浮雕

❶ 仿古砖
❷ 木质搁板
❸ 木纹大理石
❹ 深咖啡色网纹大理石波
❺ 米黄色洞石
❻ 雕花灰镜

❶ 米色大理石
❷ 米色玻化砖
❸ 陶瓷锦砖
❹ 印花壁纸
❺ 中花白大理石
❻ 水曲柳饰面板

❶ 米黄色大理石
❷ 镜面锦砖
❸ 浅咖啡色网纹大理石波打线
❹ 艺术地毯
❺ 艺术墙砖
❻ 手绘墙饰

电视背景墙用水泥砂浆找平，按照设计图中的造型将定制的木质装饰线固定在墙面上，装贴饰面板后刷油漆；墙面满刮三遍腻子，用砂纸打磨光滑，刷一层基膜后粘贴壁纸；最后安装木质踢脚线。

❶ 白枫木装饰线
❷ 印花壁纸
❸ 中花白大理石
❹ 艺术地毯
❺ 车边银镜
❻ 米黄色大理石

按照设计图纸，在电视背景墙上弹线放样，用点挂的方式将大理石固定在墙面上，完工后用专业勾缝剂填缝；剩余墙面用木工板打底，用粘贴固定的方式将镜面固定在底板上。

❶ 大理石踢脚线
❷ 艺术墙贴
❸ 皮革软包
❹ 车边银镜
❺ 装饰灰镜
❻ 木纹亚光玻化砖

❶ 条纹壁纸
❷ 仿洞石玻化砖
❸ 印花壁纸
❹ 米色亚光墙砖
❺ 仿古砖
❻ 木质踢脚线

❶ 黑色烤漆玻璃
❷ 水曲柳饰面板
❸ 米色大理石
❹ 米白色洞石
❺ 印花壁纸
❻ 中花白大理石

❶ 水曲柳饰面板
❷ 白枫木装饰线
❸ 米色大理石
❹ 深咖啡色网纹大理石波打线
❺ 车边银镜
❻ 米黄色玻化砖

❶ 白枫木装饰线
❷ 印花壁纸
❸ 条纹壁纸
❹ 密度板雕花吊顶
❺ 红樱桃木装饰线
❻ 仿古砖

39

根据设计需求将电视背景墙砌成设计图中的造型，墙面满刮三遍腻子，用砂纸打磨光滑，刷底漆、面漆；地面用水泥砂浆找平后，用湿贴的方式铺装玻化砖。

❶ 有色乳胶漆
❷ 米色玻化砖
❸ 白色乳胶漆
❹ 艺术地毯
❺ 装饰灰镜
❻ 木纹大理石

在电视背景墙上弹线放样，确定布局，安装钢结构与木工板基层，用干挂的方式将大理石固定，再用环氧树脂胶将灰镜固定在底板上；沙发背景墙用水泥砂浆找平后，满刮三遍腻子，用砂纸打磨光滑，刷一遍底漆、两遍面漆。

❶ 装饰灰镜
❷ 米黄色玻化砖
❸ 浅咖啡色网纹大理石
❹ 白枫木装饰线
❺ 印花壁纸
❻ 深咖啡色网纹大理石

❶ 有色乳胶漆
❷ 白枫木装饰线
❸ 装饰灰镜
❹ 中花白大理石
❺ 印花壁纸
❻ 仿古砖

❶ 米白色洞石
❷ 中花白大理石
❸ 仿古砖
❹ 白枫木装饰线
❺ 皮革软包
❻ 白色玻化砖